北大名师讲科普系列

丛书主编 方方 马玉国

北京市科学技术协会
科普创作出版资金资助

探知无界
火山的奥秘

唐铭 编著

北京大学出版社
PEKING UNIVERSITY PRESS

图书在版编目（CIP）数据

探知无界 . 火山的奥秘 / 唐铭编著 . -- 北京：北京大学出版社，2025. 1. --（北大名师讲科普系列）. -- ISBN 978-7-301-35374-5

Ⅰ. P317–49

中国国家版本馆 CIP 数据核字第 20242155DQ 号

书　　　　名	探知无界：火山的奥秘
	TANZHI WUJIE：HUOSHAN DE AOMI
著作责任者	唐　铭　编著
丛 书 策 划	姚成龙　王小恺
丛 书 主 持	李　晨　王　璠
责 任 编 辑	周　丹
标 准 书 号	ISBN 978-7-301-35374-5
出 版 发 行	北京大学出版社
地　　　　址	北京市海淀区成府路 205 号　　100871
网　　　　址	http://www.pup.cn　　　新浪微博：@ 北京大学出版社
电 子 邮 箱	编辑部 zyjy@ pup.cn　总编室 zpup@ pup.cn
电　　　　话	邮购部 010-62752015　发行部 010-62750672　编辑部 010-62704142
印 　刷 　者	北京九天鸿程印刷有限责任公司
经 销 者	新华书店
	787mm × 1092mm　　16 开本　　8 印张　　79 千字
	2025 年 1 月第 1 版　　2025 年 1 月第 1 次印刷
定　　　　价	48.00 元

总　序

龚旗煌

（北京大学校长，北京市科协副主席，中国科学院院士）

　　科学普及（以下简称"科普"）是实现创新发展的重要基础性工作。党的十八大以来，习近平总书记高度重视科普工作，多次在不同场合强调"要广泛开展科学普及活动，形成热爱科学、崇尚科学的社会氛围，提高全民族科学素质""要把科学普及放在与科技创新同等重要的位置"，这些重要论述为我们做好新时代科普工作指明了前进方向、提供了根本遵循。当前，我们正在以中国式现代化全面推进强国建设、民族复兴伟业，更需要加强科普工作，为建设世界科技强国筑牢基础。

　　做好科普工作需要全社会的共同努力，特别是高校和科研机构教学资源丰富、科研设施完善，是开展科普工作的主力军。作为国内一流的高水平研究型大学，北京大学在开展科普工作方面具有得天独厚的条件和优势。一是学科种类齐全，北京大学拥有哲学、法学、政治学、数学、物理学、化学、生物学等多个国家重点学科和世界一流学科。二是研究领域全面，学校的教学和研究涵盖了从基础科学到应用科学，从人文社会科学到自然科学、工程技术的广泛领域，形成了综合性、多元化的布局。三是科研实力雄厚，学校拥有一批高水平的科研机构和创新平台，包括国家重点实验室、国家工程研究中心等，为师生提供了广阔的科研空间和丰富的实践机会。

多年来，北京大学搭建了多项科普体验平台，定期面向公众开展科普教育活动，引导全民"学科学、爱科学、用科学"，在提高公众科学文化素质等方面做出了重要贡献。2021年秋季学期，在教育部支持下北京大学启动了"亚洲青少年交流计划"项目，来自中日两国的中学生共同参与线上课堂，相互学习、共同探讨。项目开展期间，两国中学生跟随北大教授们学习有关机器人技术、地球科学、气候变化、分子医学、化学、自然保护、考古学、天文学、心理学及东西方艺术等方面的知识与技能，探索相关学科前沿的研究课题，培养了学生跨学科思维与科学家精神，激发学生对科学研究的兴趣与热情。

"北大名师讲科普系列"缘起于"亚洲青少年交流计划"的科普课程，该系列课程借助北京大学附属中学开设的大中贯通课程得到进一步完善，最后浓缩为这套散发着油墨清香的科普丛书，并顺利入选北京市科学技术协会2024年科普创作出版资金资助项目。这套科普丛书汇聚了北京大学多个院系老师们的心血。通过阅读本套科普丛书，青少年读者可以探索机器人的奥秘、环境气候的变迁原因、显微镜的奇妙、人与自然的和谐共生之道，领略火山的壮观、宇宙的浩瀚、生命中的化学反应，等等。同时，这套科普丛书还融入了人文艺术的元素，使读者们有机会感受不同国家文化与艺术的魅力、云冈石窟的壮丽之美，从心理学角度探索青少年期这一充满挑战和无限希望的特殊阶段。

这套科普丛书也是我们加强科普与科研结合，助力加快形成全社会共同参与的大科普格局的一次尝试。我们希望这套科普丛书能为青少年读者提供一个"预见未来"的机会，增强他们对科普内容的热情与兴趣，增进其对科学工作的向往，点燃他们当科学家的梦想，让更多的优秀人才竞相涌现，进一步夯实加快实现高水平科技自立自强的根基。

目 录 CONTENTS

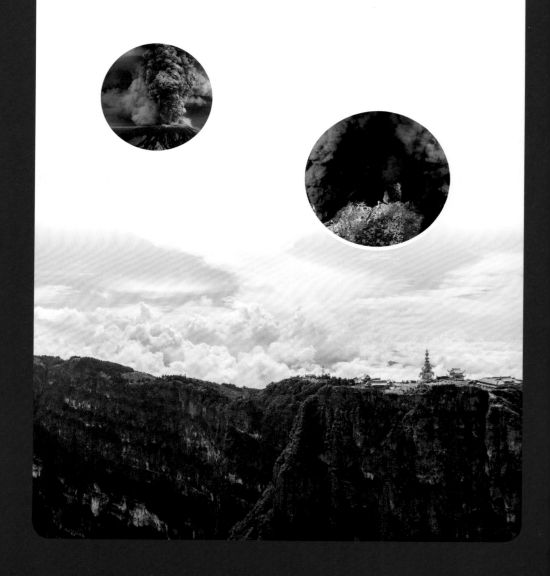

‖ 导　语

　　提及火山，大家想到的是怎样的场景呢？四处溢流的岩浆？直冲天际的烟柱？还是生灵涂炭如世界末日般的景象？

　　通过火山系列课程的学习，你会发现：

　　有的火山，它的岩浆像固体一样坚硬；有的火山，它却不喷发岩浆。有的火山喷发十分剧烈，有的火山喷发却异常安静，人类甚至可以在火山喷发的现场观看岩浆流淌。

　　因此，火山是多种多样的，多姿多彩的。

　　这里将从全新的视角，带领大家重新认识火山，了解火山的喷发机制、喷发原理、喷发类型。

　　人类的旅程将不止于地球，我们还会造访月球、金星、水星，甚至外太阳系的冰雪世界。

　　火山之于人类也不总是可怕的，它还会带来资源，调控气候，我们将从更深层次的视角更全面地去了解火山。

　　希望《火山的奥秘》带给大家的不仅是关于火山的知识，更能让大家体会到地球与行星科学为我们描绘的星辰大海。

感兴趣的读者可扫描
二维码观看本课程视频节选

第一讲

地球脉搏

　　说到火山这个话题，可能我们国内的同学没有太多直观的概念，因为我国几乎没有当前正在活跃的火山。在全球范围内，最近一次是 2022 年年初，汤加火山的剧烈喷发引起了全球的广泛关注。那么，火山对我们人类社会能产生怎样的影响呢？火山和生命的起源有着怎样的联系呢？地球之外太阳系的其他星球上有没有火山？这些火山和地球上的火山有着怎样的区别？我希望通过本书和大家一起展开一段火山之旅，共同探讨这些问题。

一、黄石国家公园与黄石火山

很多同学可能见过下面这张图片，甚至去过这个地方，这就是美国的黄石国家公园，图中色彩斑斓的冒热气的地方就是非常著名的大棱镜热泉。

黄石国家公园是美国第一个国家公园，也是最著名的国家公园之一。黄石国家公园位于美国的西北部，主要属于怀俄明州，部分属于蒙大拿州和爱达荷州。

知 识 链 接

黄石国家公园是世界上第一个国家公园，始建于 1872 年，面积约 9000 平方千米，是美国最著名的自然保护区之一。黄石国家公园坐落在火山口上，以间歇泉、温泉、喷气孔和泥浆池闻名。最著名的景点包括老忠实间歇泉和大棱镜热泉，展现了火山活动的奇观。黄石国家公园还以丰富的野生动植物、美丽的自然风光而闻名于世。这里生活着美洲野牛、灰熊、狼等多种野生动物，是观赏野生动物的理想之地。这里拥有丰富的生态系统，涵盖森林、草原、峡谷和湖泊等。

美国黄石国家公园的大棱镜热泉

　　黄石国家公园对于像我这样的地质学家而言，它的魅力不仅在于其壮观的景色，更在于其火热的"内心"。在黄石国家公园的外表之下隐藏着一颗可怕的定时炸弹——一座活跃的超级火山。

　　黄石国家公园内分布有大量的热液景观，大棱镜热泉就是一个典型的热液景观。大棱镜热泉的泉水温度高达70℃以上。黄石国家公园的热液景观除了热泉之外，还有间歇泉、喷气孔等多种类型，下图便是著名的老忠实间歇泉。

老忠实间歇泉

知识链接

（1）**火山热液景观**是指由火山活动引发的热液（热水和气体）地质现象。这类景观通常出现在活跃的火山或地热区，展现出丰富的自然奇观。火山热液景观主要包括间歇泉（热水喷发的现象）、温泉（地下热水自然涌出地表）、喷气孔（高温气体和蒸汽从地下裂缝喷出）、泥浆池（黏稠的泥浆由于地下热液的作用而不断冒泡）。火山热液景观展现了地球内部活跃的地质活动。火山热液系统中的热液是指在地壳深处高温高压环境下产生的富含矿物质的热水溶液。热液的温度可以从几十摄氏度到几百摄氏度以上不等。热液中含有大量的溶解矿物质，如铁、铜、锌、铅、金、银等金属元素，以及硫化物和其他化合物。热液通过裂缝和断层上升，最终可能喷出地表形成多彩的温泉。

（2）**间歇泉**是指间歇喷发的温泉。火山活动地区，熔岩使地下水化为水汽，水汽沿裂缝上升，当温度下降到汽化点以下时会凝结成为温度很高的水，每间隔一段时间喷发一次，形成间歇泉。老忠实间歇泉平均每 70 ～ 90 分钟会喷发一次，从不叫旅客失望，遂得"老忠实"这样的美名。

　　黄石国家公园中大大小小的热液景观超过 1 万处，仅间歇泉就有 300 多个。这是一个到处冒着蒸汽的公园，成千上万的热液景观向我们展示着黄石国家公园地下蕴藏的巨大能量。

　　火山喷发的强度在很大程度上取决于它能喷出多少物质。在过去 200 余万年的时间里，黄石国家公园经历了三次大规模的火山喷发，以喷发物质的量为判断指标，第二次火山喷发强度最小，约发生在 130 万年前，喷发量约为 280 立方千米；第三次火山喷发——发生时间离我们最近的一次，约发生在 64 万年前，它的喷发量居中，约为 1000 立方千米；第一次火山喷发则发生在 210 万年前，喷发量最大，达 2500 立方千米。

　　这些数字或许让人难以想象，但如果我们将喷发量与熟悉的建筑物相对比，就能更直观地感受到火山喷发物质体积的巨大。如北京的国家体育场"鸟巢"，占地面积约 25.8 万平方米，最高处高约 70 米，能容纳约 9.1 万观众。黄石国家公园最小一次火山喷发（即第二次火山喷发）的喷发物质体积约是"鸟巢"体积的 1.5 万倍。而黄石国家公园最大一次火山喷发（即第一次火山喷发）的喷发物质体积，较最小的一次直接高了一个数量级，可以堆出 6 座富士山。

北京的国家体育场（鸟巢）

而如富士山这样规模的火山，一次大规模火山喷发的喷发量可达到近 1 立方千米。再如 1980 年美国西海岸的圣海伦斯火山喷发，其喷发量就约为 1 立方千米。但 1 立方千米的喷发量威力也不容小觑，它能够直接把海拔 3000 米的圣海伦斯火山一侧山顶彻底炸毁，释放的能量相当于投到广岛原子弹的 1600 倍。由此我们可以想象，黄石国家公园几次火山喷发的威力是何等的巨大。

富士山（唐铭 摄）

黄石国家公园的这几次火山喷发的强度也可以从其火山灰的覆盖范围窥见一斑。黄石国家公园三次火山喷发中较大的两次，火山灰的覆盖面积达到甚至超过了美国国土的一半面积。而圣海伦斯火山在1980年喷发时火山灰的覆盖面积与黄石国家公园喷发时火山灰的覆盖面积相比，可谓是"小巫见大巫"。

 知识链接

黄石国家公园三次大规模的火山喷发： 第一次喷发（约210万年前），这次喷发被称为 Huckleberry Ridge Tuff 事件，是黄石地区已知的最大规模的火山喷发之一。据估计，本次喷发喷出了大约2500立方千米的物质，形成了巨大的火山灰沉积层。这次喷发形成了一个巨大的火山口，即现在的亨特尔伯里岭（Huckleberry Ridge）区域。第二次喷发（约130万年前），这次喷发被称为 Mesa Falls Tuff 事件，这次喷发规模略小于第一次，但仍十分巨大，喷出了大约280立方千米的物质。本次喷发形成了另一个大型火山口，现在称为亨利堡火山口（Henry's Fork Caldera）。第三次喷发（约64万年前），这次喷发被称为 Lava Creek Tuff 事件，本次喷发喷出了大约1000立方千米的物质，形成了我们现在所熟知的黄石火山口。这次喷发形成了一个直径约为70千米的巨大火山口，这就是今天黄石国家公园的核心区域。这次喷发还产生了大量的火山灰，覆盖了整个北美大陆的大部分地区。

⠿ 二、火山的喷发及类型

　　火山的喷发有时具有一定的周期性。如前所述，过去
200 余万年时间里，黄石国家公园的第一次火山喷发发生在
约 210 万年前，第二次火山喷发发生在约 130 万年前，第三
次火山喷发则发生在约 64 万年前，其间隔约为 60~80 万年。
以此推算，黄石国家公园下一次喷发会在什么时间？这是很
多人，尤其是地质学家所关心的问题。黄石国家公园的下一
次喷发必然会给北美乃至整个地球环境带来巨大影响。

　　在如今的黄石国家公园里，地质学家布置了大量的科学
监测设备，全时段、全方位地监测黄石火山地下的情况，其
中包括 16 个高精度的 GPS 监测台。提到 GPS，大家或许会
想到手机 App 地图或车载导航仪，它们能够帮助我们快速、
方便地获取自己的定位。但在使用过程中，我们发现手机
App 地图或车载导航仪是存在明显误差的，这个误差可能有
几米，精度虽已经足够满足人们日常生活的需要，但不足以
监测短期内地表的变形。地质学家用于监测火山地表变形的
GPS 监测台，其精度可以达到 0.5 厘米甚至更高，相较于我
们日常生活中使用的 GPS 精度高约 3 个数量级。这样的高精
度使得地质学家能够监测到人体很难感知到的极其微小的地
表变形，从而推测出火山的活动状态。

监测火山地表变形的 GPS 监测台（图片来源：美国卫星导航系统与地壳形
变观测研究大学联盟）

知识链接

　　地理信息技术是地理学中用来防灾减灾的重要技术手段，主要包括遥感技术（Remote Sensing，RS）、全球卫星导航系统（Global Navigation Satellite System，GNSS）和地理信息系统（Geographic Information System，GIS）。其中遥感技术是利用装在航空器（如飞机、高空气球）或航天器（如人造卫星）的光学或电子设备，对地表物体进行远距离感知的地理信息技术；全球卫星导航系统是利用卫星在全球范围内进行实时定位、导航；地理信息系统是对地理数据进行输入、处理、存储、管理、查询、分析、输出等的计算机信息系统。而全球定位系统（Global Positioning System，GPS）是美国研发的卫星全球无线电导航定位系统。

　　下图展示了黄石国家公园某个位置从 2004 年到 2020 年的地表的垂向位移情况，横轴为年份，纵轴为位移的大小，单位是米，变化一格是 5 厘米。图中的每一个灰色圆圈即是一个垂向位移的数据点。

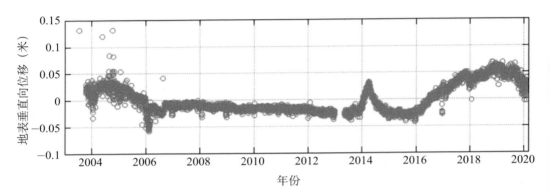

GPS 监测数据（图片来源：美国地质勘探局）

根据这些数据，我们可以清楚地观察到，在过去十几年里，这个位置的地壳确实非常不安分，总在起起伏伏，从而导致地表不停地上下起伏。而这地表不断起伏的根源就是黄石国家公园地下巨大的岩浆房。

岩浆房是位于火山地下的岩浆储库，火山喷发的岩浆就来自这些岩浆房，可以说岩浆房是火山的弹药库。岩浆房

地下岩浆房（AI 绘制）

大部分由固态岩石构成，岩浆则填充在岩石的缝隙之中。当地壳深处或地幔的岩浆涌入到岩浆房中时，或者岩浆房内部发生了大规模脱气作用时，岩浆房就会产生扰动，这种扰动进而影响到地表，导致地表的起伏变化。地质学家通过在火山地区架设 GPS 监测台和其他先进的监测设备，就能够实时监测和记录这些地下岩浆房的活动情况，如同倾听火山岩浆房的"心跳"，以帮助我们预测火山喷发的时间。据目前掌握的数据和资料，黄石火山在短期内发生大规模爆发的可能性较低，至少在我们这一代人的有生之年，不太可能会遇到这样的灾难性事件。

 知 识 链 接

（1）**岩浆**是指产生于地球地幔或地壳深处，含挥发成分的高温黏稠的熔融物质。

（2）岩浆的**脱气作用**是指岩浆中的挥发性气体（如水蒸气、二氧化碳、二氧化硫等）在岩浆上升、减压或冷却过程中从液态岩浆中释放出来的过程。

（3）**冷却结晶**是指岩浆在冷凝时矿物按顺序进行结晶，并在重力和动力影响下发生分异和聚集的过程，也是岩浆变成岩石的过程。

？？ 想一想

除了使用 GPS，我们还可以使用哪些技术对火山进行监测？

那么，火山为什么会喷发。

为了更直观地解释火山喷发的原理，可以使用可乐瓶进行一个简易的模拟实验，制造一次喷发。首先摇动可乐，再打开瓶口，可乐就会从瓶子中喷发出来。

可乐喷发实验

由于我们先摇动了可乐瓶，瓶内的可乐受到外力的作用，产生了大量的微小气泡，瓶内压力逐渐增大。而在打开瓶盖时，瓶内压力瞬间降低，原来可乐里溶解的二氧化碳迅速转变为大量的气泡并快速释放，这就导致了可乐的喷发事件。自然界的火山喷发也是类似的原理，当火山口或地壳上的薄弱点打开时，岩浆房中的压力突然降低，导致原来溶解在岩浆中的气体迅速出溶并形成气泡，这些气泡带着周围的岩浆一起迅速地冲向火山口，引起火山喷发。大家可以通过想象进行类比，每座火山下都隐藏着一座像山一样大的"超级可乐"。

延伸阅读

二氧化碳（CO_2）在密闭的可乐瓶中存在溶解平衡，打开可乐瓶的瞬间，液面上方气体压力骤然降低，根据勒夏特列原理，**溶解平衡将朝着增大气体压力的方向**（即气体从瓶中溢出的方向）**移动**。

在火山喷发过程中，有时岩浆冷却的速度非常快，这就会导致一些气泡冻在这些快速凝结的岩浆里，形成有很多密密麻麻气孔的火山渣。这样的构造被称为火山渣的气孔构造，这些气孔构造导致这些火山岩看起来很大，但密度并不是很大，是比较容易搬动的。

火山渣及其气孔构造（刘平平 摄）

 延伸阅读

　　材料加工中常通过添加发泡剂的方法来制备多孔材料。在材料加工过程中，发泡剂在较高温度下分解产生气体，气体在黏度较大的材料本体中来不及逸出，最终就制成了蜂窝状、多孔的材料。在实际生产中，人们可以通过调节配方中各组分的比例、材料加工的工艺参数等对气孔的密度进行控制。这与实际生活中蒸馒头时加酵母，或者在加工食品时添加膨松剂是一个道理。

　　实际上，并非所有的火山喷发都是剧烈且具有爆炸性的。火山喷发大致可分为两种类型：一种是宁静式喷发，又称夏威夷型火山喷发；另一种是爆裂式喷发，又称普林尼型火山喷发。

　　最典型的宁静式喷发主要发生在夏威夷的一些火山中，如夏威夷的基拉韦厄火山。基拉韦厄火山其实一直在喷发，但它喷发得非常温和，岩浆缓缓地从火山口流出来，形成熔岩流。熔岩流能像河流一样流淌到很远的地方，因此人们有机会近距离观赏火山喷发以及熔岩流的流动。

夏威夷基拉韦厄火山（图片来源：美国地质勘探局）

圣海伦斯火山则属于典型的爆裂式喷发，圣海伦斯火山的特点是猛烈地喷发、快速地释放大量的能量，同时伴随着爆炸，所产生的烟柱非常高，可以直达平流层。但爆裂式喷发的火山每次喷发的时间短且不同喷发之间的时间间隔相对较长（喷发时间间隔和喷发规模相关，规模越大喷发时间间隔越长），不像基拉韦厄火山，几乎每天都在非常温和地喷发。日本的富士山历史上几次喷发就属于比较猛烈的爆裂式喷发。

圣海伦斯火山（图片来源：美国地质勘探局）

⠿ 三、黏度及其影响因素

为什么有些火山喷发非常温和，而有些火山喷发则是灾难性的呢？

火山的喷发模式和黏度、气体含量有很大关系。黏度是一种物理化学性质，它的单位是 Pa·s。提及黏度，人们可能首先会想到蜂蜜，因为蜂蜜很黏稠。事实上，所有流体都具有一定的黏度，水也有自己的黏度，只是相较于蜂蜜而言，它的黏度要低得多。想象一下，当我们试图搅动一桶蜂蜜和搅动一桶水时，搅动蜂蜜肯定比搅动水要费力得多，这是因为蜂蜜的黏度更高。

🌋 知 识 链 接

黏度是物质流动时内摩擦力的度量，用来描述流体（如液体或气体）抵抗形变或流动的性质。

由于黏度的存在，物体在流体中运动会受到阻力，黏度越高，阻力便越大。在火山喷发的过程中，岩浆中的气泡是一个非常重要的因素。岩浆在初始阶段溶解了多少气体至关重要，它决定了后期火山喷发时岩浆中的气泡含量。但这些气体从岩浆中出溶形成气泡之后，如果很容易从岩浆中逸出，就会大大削弱火山喷发的威力。这就如同一个漏气的可乐瓶，虽然猛烈摇晃了，但是扎了一个孔，气体都跑了，所以到打开瓶盖时，也不会发生多么猛烈的喷发。在火山喷发中，岩浆的黏度高低对气泡从岩浆中逸出的速度影响极大。

我们来比较一下基拉韦厄火山岩浆和圣海伦斯火山岩浆的特点：基拉韦厄火山的岩浆黏度很低，能够给气泡施加的阻力很小，因此当岩浆在释压时，形成的气泡可以快速上升并离开岩浆。而圣海伦斯火山的岩浆黏度相对较高，当气体从岩浆中出溶之后形成大量气泡，岩浆对这些气泡施加了非常大的阻力，使它们难以上升并离开岩浆。此时，一方面岩浆内部的整体压力越来越大，就像高压锅一样；另一方面，这些黏度很高的岩浆在火山通道中上升也极为困难，因为它太黏了，跑不动，就像堵塞了一样。火山通道、火山口被堵塞，气泡无法排出，均会导致地下岩浆房中和火山通道内的压力越来越大。这些因素共同作用，最终引发了极其剧烈的爆裂式喷发，这就是岩浆的黏度对火山喷发模式的影响。

自然界中物质的黏度变化范围非常大，因此当我们在讨论或是表示黏度时，一般会使用对数坐标。如下图中，横轴表示黏度，每往右一格，黏度增加两个数量级。我们来看日常生活中比较容易接触到的一些流体。空气的黏度非常低，小于 10^{-5} Pa·s。水的黏度也很低，不到 10^{-3} Pa·s。机油稍高一点，约为 0.1 Pa·s，蜂蜜的黏度则明显高于前面几种流体，超过 10 Pa·s，比水的黏度高了至少 4 个数量级。

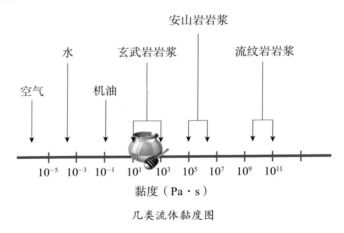

几类流体黏度图

接下来，我们再看地球上最常见的三类火山岩浆的黏度特性：玄武岩岩浆，安山岩岩浆，流纹岩岩浆。这些岩浆岩冷却后形成地球上最常见的三类岩浆岩。下图的岩石发育有气孔，颜色较黑，是典型的玄武岩，这是玄武岩岩浆冷凝形成的。

玄武岩（王点兵 摄）

下图的岩石是灰白色，是安山岩岩浆冷凝形成的安山岩。

安山岩（王点兵 摄）

下图的岩石颜色有一点点发粉色，是典型的流纹岩。

流纹岩（李润武 摄）

从玄武岩到安山岩再到流纹岩，颜色大致呈现出由深变浅的趋势。

玄武岩岩浆的黏度和蜂蜜非常接近，夏威夷的火山岩浆就是典型的玄武岩岩浆。如前所述，夏威夷的火山喷发岩浆像河流一样到处流动，形成熔岩流，大家可以想象大量蜂蜜在地面到处流动的场景，这有助于我们更直观地理解玄武岩岩浆的流动性。

安山岩岩浆的黏度比玄武岩岩浆要高得多，可以达到 $10^5\,Pa\cdot s \sim 10^6\,Pa\cdot s$。

流纹岩岩浆的黏度则更高，可以达到 $10^{10}\,Pa\cdot s$。这样高的黏度意味着：如果地上有一大摊流纹岩岩浆，只要做好隔热措施，人们是可以直接站在岩浆上而完全不用担心被其吞噬的。这是因为岩浆的黏度非常高，以至于我们不会立刻陷入岩浆中。因此，流纹岩岩浆的黏度过高，导致火山喷发时，岩浆不会发生大规模的流动，不会出现如夏威夷的火山附近一样大面积的熔岩流。

未来，如果你看到一个科学家到熔岩流前轻松挖取一勺岩浆放到桶里，那么这一定是黏度很低的玄武岩岩浆。因为安山岩岩浆或者流纹岩岩浆因黏度过高，很难用这种方式取样。此外，安山岩岩浆和流纹岩岩浆的火山喷发通常是比较猛烈的喷发，人们很难接近火山口对岩浆直接进行取样。

那么，为何玄武岩岩浆的黏度这么低，而流纹岩岩浆的黏度却这么高？影响岩浆黏度的因素有哪些呢？

温度是影响岩浆黏度的一个重要因素，我们可以用蜂蜜做实验来直观地理解。假设我们有两瓶蜂蜜，一瓶是加热到100℃左右的高温蜂蜜，另一瓶是约25℃的常温蜂蜜。如果我们把两块相同的砝码同时扔到两瓶蜂蜜中，可以发现，高温蜂蜜中的砝码下沉的速度明显要快，这说明在高温蜂蜜中砝码受到的阻力较小，即高温蜂蜜的黏度较低。这是因为当温度较高的时候，物质微观层面的分子、离子的平均运动速度更快，相互之间更不容易发生聚合作用。因此，升高温度可以有效降低流体的黏度。

回到岩浆的问题上来，玄武岩岩浆之所以可以像蜂蜜一样流动，而流纹岩岩浆很难流动，一个重要的影响因素就是温度的高低不同，玄武岩岩浆的温度可高达1200℃，而典型的流纹岩岩浆温度只有800℃。

岩浆的化学成分是影响岩浆黏度的另一个重要因素。岩浆本质上是一种硅酸盐混合物。硅酸盐在岩浆中主要以硅氧四面体的形式存在，其中最主要的成分单元是二氧化硅。如图所示的硅氧四面体，中间的蓝色小球是硅，4

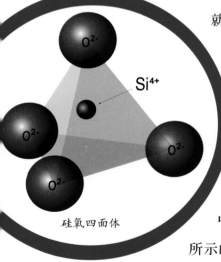

硅氧四面体

个顶角是氧，也就是 1 个硅可以和 4 个氧形成这种共价单键。氧在四面体的 4 个顶角，而硅是 +4 价的，氧是 –2 价的，因此大家计算出硅氧四面体的价态，会发现一个硅氧四面体本身是没有办法达到电价平衡的。为了达到电价平衡，每一个顶角的氧都需要与其他原子成键。一般在硅酸盐中，硅氧四面体之间可以共用顶角氧，顶角氧起到连接硅氧四面体的作用。它们可以用这样的形式聚合。这样连接两个硅氧四面体的顶角氧就像桥梁一样，这种顶角氧被称为桥氧。每个硅氧四面体有 4 个顶角氧，最多可以有 4 个桥氧，最多可以和另外 4 个硅氧四面体连接，像手拉手一样，发生大规模的聚合，硅氧四面体的聚合模型如右图所示。这种聚合程度越高，岩浆的黏度就越大。

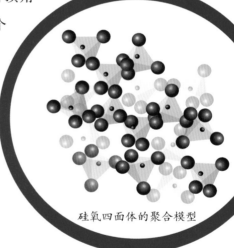

硅氧四面体的聚合模型

 知识链接

　　二氧化硅（SiO_2）与金刚石、硅单质的晶体类型相同，都属于共价晶体，是原子间通过共价键连接直接形成的宏观物质。在 SiO_2 晶体中，硅原子采取 sp^3 的杂化方式，周围的四个氧原子形成正四面体的空间结构，相邻的正四面体间共用顶点处的氧原子。这样的连接方式如果有序地向空间中延伸，就可以得到 SiO_2 晶体，若某些氧原子没有被共用，多余的负电荷就需要被正电荷平衡，当提供这些正电荷的微粒是其他金属阳离子时，就形成了**硅酸盐**。

　　硅酸盐是地球和其他类地行星地壳中最常见的矿物组分之一。硅酸盐矿物种类繁多，几乎涵盖了所有类型的岩石和土壤中的矿物。硅酸盐矿物的多样性来源于硅氧四面体之间不同的连接方式以及与其他阳离子（如钾、钠、钙、镁、铁等）的不同组合。

??? 想一想

　　硅氧四面体间可以形成哪些有序的排列结构？

　　我们再来看玄武岩的成分、流纹岩的成分。玄武岩和流纹岩的岩浆主要由 10 种元素组成：硅、氧、铁、镁、钙、钛、铝、钾、钠，还有少量的磷。我们一般习惯上用氧化物的形式来表示各个阳离子元素的含量，如二氧化硅、氧化镁等。下面两个饼状图分别表示玄武岩和流纹岩中 9 个元素氧化物的质量分数。

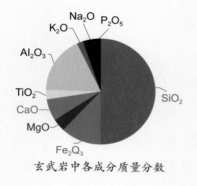
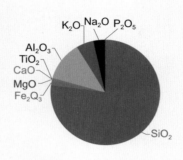

玄武岩中各成分质量分数　　　　　　流纹岩中各成分质量分数

　　我们可以推出无论是哪种岩石的岩浆，二氧化硅的含量都是这些元素氧化物中最高的，占一半甚至更多。再仔细观察这两种岩石的成分组成：玄武岩中的二氧化硅质量分数约为50%，流纹岩中的二氧化硅质量分数约为75%，显著地高于玄武岩。玄武岩中的铁、镁和钙的氧化物的质量分数又明显高于流纹岩。这也是两种岩浆的主要成分差异。流纹岩岩浆中二氧化硅的含量明显高于玄武岩岩浆，而其他的阳离子的含量又比玄武岩岩浆少，这就导致了流纹岩岩浆中的桥氧数量比玄武岩岩浆中多得多，流纹岩岩浆的聚合度要远高于玄武岩岩浆。因此，成分上的差异让流纹岩岩浆的黏度显著大于玄武岩岩浆，再加上温度的影响（通常玄武岩岩浆的温度要高于流纹岩岩浆），这两个因素共同导致了流纹岩岩浆的黏度要远远高于玄武岩岩浆。于是，玄武岩岩浆喷发时往往是以一种非常温和的方式喷发，而流纹岩浆的喷发往往是高能爆裂式的喷发。

⠿ 四、地球上火山的分布

地球上的火山都分布在哪里呢？

地球最外面的坚硬刚性圈层，被称为岩石圈。然而，地球的岩石圈并非一个完整的外壳，而是分裂成许多小块，即板块。这些板块不断地进行横向运动，有的板块不断地生长，有些板块不断地消亡，这就是 20 世纪最重要的自然科学理论之一——板块构造理论的基本假设。

 知识链接

板块构造理论是现代地质学的基石，该理论认为地球最外层的岩石圈由若干大板块组成，这些板块在地幔的流动驱动下，不断移动、碰撞和分离。

1912 年，魏格纳正式提出了大陆漂移学说，并在 1915 年发表的《海陆的起源》一书中作了论证，因此魏格纳被公认为是第一个全面系统地论述大陆漂移的人。20 世纪 60 年代，赫斯和迪茨在大陆漂移学说的基础上分别提出了海底扩张学说，认为海底存在地壳生长和运动扩张。1968 年，麦肯齐和派克，摩根和勒皮雄在大陆漂移学说和海底扩张学说的基础上联合提出了板块构造学说，认为地球表面覆盖着相对稳定的板块（即岩石圈），这些板块漂浮在软流圈上，并随着时间的推移不断地做水平运动。

在全球火山分布中，绝大多数的火山都分布在板块的边界上，其中最引人注目的是环太平洋火山地震带，也被称为The Ring of Fire，非常形象，因为在环太平洋火山地震带上有非常多的著名火山，如位于南美的安第斯山脉的全世界海拔最高的火山——奥霍斯－德尔萨拉多火山。同样，位于安第斯山脉的还有钦博拉索火山，其山顶是地球上距离地心最远的点。我们前面多次提到的圣海伦斯火山，以及欧亚大陆海拔最高的克柳切夫火山、日本的富士山、2022年喷发的汤加火山等，都位于环太平洋火山地震带上面。

 知识链接

奥霍斯－德尔萨拉多火山是安第斯山脉的一座休眠火山，位于智利和阿根廷边境，是世界上最高的活火山之一，同时也是世界上最高的火山口湖所在地。奥霍斯－德尔萨拉多火山的海拔高度为6893米，是西半球第二高峰。据科学家推测，奥霍斯-德尔萨拉多火山最后一次大规模喷发发生在约100万年前，但仍有间歇性的火山活动。

想一想

思考南美洲安第斯山脉的奥霍斯－德尔萨拉多火山和安第

斯山脉北部的钦博拉索火山的喷发方式。你会采用哪些方式验证你的观点？

　　那么，为什么火山会集中在板块的边界呢？这是因为板块的边界非常活跃，具备让固态的地幔和地壳发生熔融，并产生岩浆的条件。

⠿ 小结

　　在本讲中，我们系统地学习了火山的一些基本知识，了解到地球上的火山分布情况，但火山并非地球独有的地质现象，它广泛存在于宇宙中其他星球上，我们要走出地球去探索太阳系，探索其他星球上的火山。

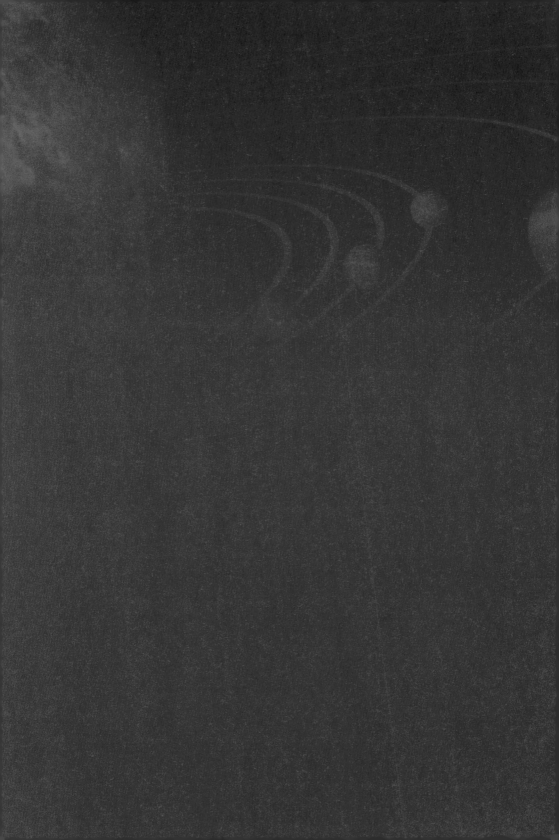

第二讲

走出地球

　　本讲我们将一起踏上探索宇宙的旅程，了解其他星球上壮丽而独特的火山。我们会了解这些火山的外观和形态，探讨它们的形成机制、活跃程度。这些外星上的火山，将为我们揭示星球内部动力产生的奥秘，理解它们如何影响这些星球的地质演化，甚至为寻找外星生命提供线索。无论是火星上巨大的奥林帕斯山，还是木卫一上充满活力的硫磺火山，抑或是土卫二南极的热泉，这些奇特的地质构造都将带给我们无尽的惊叹与启示。

⠿ 一、月球

  下图所展示的是嫦娥五号探测器着陆区的月球表面，嫦娥五号着陆点被命名为"天船基地"，"天船"是我国古代的星官名。2020 年 11 月 24 日，嫦娥五号在我国海南文昌航天发射场由长征五号运载火箭发射升空；12 月 1 日在月球风暴洋的预定区域着陆，并在之后几天内完成了采样并再次升空；12 月 17 日返回地球。嫦娥五号成功带回了 1731g 珍贵的月球样品。

嫦娥五号着陆点"天船基地"（图片来源：美国国家航空航天局）

 延伸阅读

    2024 年 5 月 3 日，**嫦娥六号**由长征五号遥八运载火箭在我国海南文昌航天发射场发射，6 月 2 日成功着陆月球背面，6 月 2 日—3 日完成月背样品采集并封装，6 月 4 日上升器携带样品自月背起飞并进入环月轨道，6 月 6 日与轨道器和返回器组合体完成交会对接，最终于 6 月 25 日携带月球背面样品安全返回地球，着陆在内蒙古四子王旗预定区域。这次任务中，嫦娥六号带回世界首份月背样品 1935.3 g，这不仅标志着中国航天技术的新突破，还为后续的月球探测任务奠定了坚实的基础。嫦娥六号任务的成功展示了中国在月球探测领域的技术实力，并开启了对月球背面样品的科学研究新篇章。

    月壤的名字看似是土壤，但它和地球上的土壤，也就是我们日常接触到的土壤完全不同。首先，月壤非常干燥，大部分物质的粒径非常细小。究竟有多细小呢？大家可以回想一下面粉捏在手里的感觉，月壤摸起来比面粉颗粒还要细。这样细小的颗粒很容易携带静电，使得处理月壤样品变得格外棘手，月壤样品非常容易粘在杯壁上，甚至倒不出来。

    月壤主要是由月球表面的岩石经过多次陨石撞击以及复杂的太空风化形成的。在月壤中仔细寻找，还可以找到一些

1 mm

月球岩石碎片（图片来源：国家航天局、中国科学院国家天文台）

如左图的尚未碎成粉末的月球岩石碎片。然而，大家需要注意图中的比例尺，尽管在图中岩石碎片看着很大，但实际上只有几毫米那么大。在这块玄武岩碎片上，我们可以观察到很多不同颜色的透明晶体，它们其实是不同的矿物。玄武岩常见的矿物有橄榄石、辉石、斜长石等。

如今的月球表面一片死寂，没有任何的火山活动，冰冷冰冷的；但是月球在形成早期，表面曾经布满火山。所有的星球在漫长的演化过程中都会逐渐冷却下来，通常来说，星球冷却的快慢与其大小密切相关，较小的星球能量较少，冷却较快。而月球作为一个星球，实在太小，它的直径只约为地球的四分之一，质量只有地球的1.2%，相较于地球，月球早早地就"凉凉了"。美国与苏联两国在20世纪六七十年代，对月球的多个区域进行了登陆采样，所有美国与苏联两国带回月壤样品的年龄分布在约距今 44 亿年到 29 亿年。在返回的月壤样品中，29 亿年之后就再没有月球火山喷发的记录了。这不禁让人思考：月球的脉搏是否真的停留在了 29 亿年前？

在回答上面这个问题之前，我们首先要知道如何确定岩浆的结晶时间。实际上，确定时间对于我们研究地球以及其他星球上发生的任何事件都非常重要，幸运的是，大自然为我们创造了许多天然计时器。

我们知道，元素种类是由质子数决定的，但是同一种元素可以有不同的中子数，这些具有不同中子数的同种元素就是同位素。有些元素的一些同位素不安分，会通过衰变形成其他元素。这些不安分的同位素被我们统称为放射性同位素。

在地球科学研究中，常用的放射性同位素有钾、铷、铼、钐、镥、铀、钍等。铀铅体系在地球科学领域中有着非常广泛的应用，并且是我们至今了解得最多的天然计时器。

这里我们以铀铅体系为例。铀有两个常见的天然同位素，铀 238 和铀 235，它们分别经过一系列复杂的衰变过程，最终可以变成稳定的铅 206 和铅 207。每个放射性同位素的衰变快慢其实都是有规律的，它们存在一个固定的半衰期。换言之，一半的放射性同位素发生衰变所需的时间是恒定的，它和物理、化学环境，以及初始的放射性同位素多少都没有关系。例如，铀 238 的半衰期是 44.68 亿年，如果现在有 10

亿个铀238原子，那么44.68亿年后，铀238原子将减半，也就是剩下5亿个。如果再过44.68亿年，铀238原子再次减半，也就是剩下2.5亿个。铀238和铀235的衰变方程分别是

$$^{238}\text{U} \longrightarrow {}^{206}\text{Pb}+8\,{}^{4}\text{He}+6\text{e}-+47\text{MeV}（t_{半衰期}=44.68\text{亿年}）$$

$$^{235}\text{U} \longrightarrow {}^{207}\text{Pb}+7\,{}^{4}\text{He}+4\text{e}-+45\text{MeV}（t_{半衰期}=7.038\text{亿年}）$$

我们利用放射性元素的衰变现象来定年的方法，实质上定的是岩浆冷却结晶距离今天的时间。岩浆冷却结晶时会形成各种各样的矿物。如矿物A在结晶的时候会"打包"进去一部分的铀元素，结晶后矿物A就像一个封闭的盒子，铀元素在里面开始衰变，不停地形成铅元素。

随着时间的推移，矿物A内的铀元素逐渐减少，而铅元素逐渐增加。由于每个放射性同位素的半衰期是已知的，我们可以通过测量矿物中现存的铀和铅的同位素比例，来计算出这些矿物自形成以来所经历的时间，这就是U–Pb定年方法的基本原理。利用U–Pb定年方法计算矿物A的形成时间公式分别是

$$\left({}^{206}\text{Pb}/{}^{238}\text{U}\right)_t = e^{\ln2\times t/t_{半衰期}^{238}} - 1$$

$$\left({}^{207}\text{Pb}/{}^{235}\text{U}\right)_t = e^{\ln2\times t/t_{半衰期}^{235}} - 1$$

公式中的铅均为矿物 A 中铀放射衰变形成的铅。如果今天我们获得一块矿物 A 的样品，我们就可以通过化学分析，精确地测定其中有多少铀元素衰变形成了铅元素，再通过以上公式计算得到的时间就是岩浆结晶的年龄，也即火山喷发的年龄。

嫦娥五号带回的样品之所以特殊，就在于它的形成时间比之前美国与苏联两国带回的月球样品年轻了 8 亿年，这说明月球的脉搏并没有停在 29 亿年前，在之后的岁月里月球仍然有火山活动的痕迹。

 知 识 链 接

U-Pb（铀 - 铅）定年方法是一种广泛使用的放射性同位素定年方法，主要用于测定岩石和矿物的年龄，特别是用于确定岩浆岩、变质岩和某些沉积岩中锆石等矿物的形成时间。这种方法基于铀（U）衰变为铅（Pb）的过程，其中主要包括两个衰变系列：铀 238 衰变成铅 206，铀 235 衰变成铅 207。通过测量样品中铀和铅的比例，可以计算出样品的绝对年龄。U-Pb 定年方法的优点在于其较长的半衰期，使得它可以用来测定非常古老的岩石，甚至接近地球年龄的岩石。此外，锆石等矿物因其较高的闭合温度和抗风化能力，常常被用作 U-Pb 定年的标准材料，能够提供可靠的年龄数据。

？？？ 想一想

除 U–Pb 定年方法外，科学家还会采用哪些方法对样品进行定年？

月球，是地球的卫星，也是离我们最近的地外天体，更是我们研究得最多的地外天体。近几十年来，随着人类深空探索的步伐越走越远，我们正在逐渐揭开太阳系其他星球的神秘面纱，不断扩展人类对宇宙的认知边界。

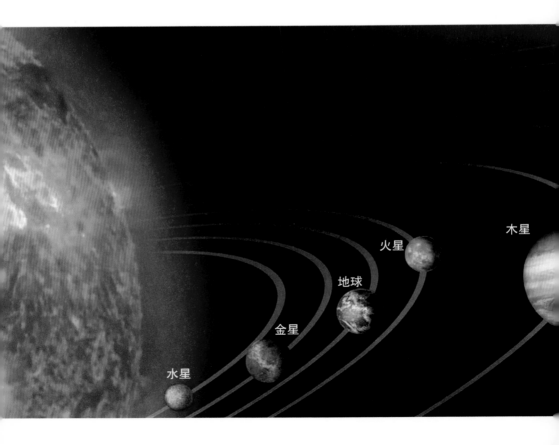

⠿ 二、火星

　　太阳系有八大行星，我们按照行星的成分分成两类：一类行星的成分与地球的组成成分类似，主要由硅酸盐岩石组成，统称为类地行星，包括水星、金星、地球、火星；另一类行星的成分与木星的组成成分相近，主要由气体物质组成，统称为类木行星，包括木星、土星、天王星、海王星。类地行星分布在内太阳系，类木行星分布在外太阳系。

太阳系八大行星（图片来源：美国国家航空航天局）

在人类探索太阳系天体的进程中，四颗类地行星中有一颗星球格外令人关注。它到太阳的距离是地球的 1.5 倍，直径只有地球的一半，这就是火星。

19 世纪 70 年代，意大利天文学家乔瓦尼·斯基亚帕雷利（Giovanni Schiaparelli）观察到火星表面存在暗色的线条结构，不过当时的观测手段还无法让他看清这些结构到底是什么。乔瓦尼记录下了这一发现，认为火星可能存在天然的河道，在意大利语中河道叫作 canali。但当这一发现被译成英语时，被误译为 canal，也就是运河。运河是人工开凿的，让人们误以为火星曾经可能存在过智慧生命。这个看似微不

火星（图片来源：美国国家航空航天局）

足道的翻译错误，却引发了人们对火星文明的各种疯狂的猜想，也是众多火星人入侵地球题材的科幻小说和电影的灵感来源。

然而，随着科学探索的深入，关于火星文明的一切幻想逐渐破灭。火星表面是一片荒漠和乱石，这些岩石大多是玄武岩质，是火星早期的岩浆岩经历了长期的风化过程形成的。虽然今天的火星已经几乎没有火山活动了，但它曾经是太阳系巨型火山的故乡，从太空中我们能清晰地看到这些巨大的火山遗址，其中最大、最高的一座叫作奥林帕斯火山，它的高度超过了 21 千米，直径达到 600 千米。

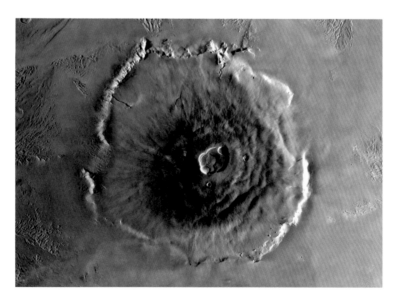

火星上"平缓"的奥林帕斯火山（图片来源：美国国家航空航天局）

知识链接

　　岩浆岩，又称为火成岩，是指高温熔融的岩浆在地下或喷出地表后冷凝而成的岩石。其中，在地下冷凝而成的岩石为侵入岩，喷出地表后冷凝而成的岩石为喷出岩或火山岩。

　　奥林帕斯火山直径巨大，高度远超地球上海拔最高的珠穆朗玛峰，但由于奥林帕斯火山的直径太大了，就导致山体坡度并不是非常陡峭。未来，如果大家有幸能踏上火星的土

珠穆朗玛峰

珠穆朗玛峰和奥林帕斯火山对比（AI 绘制）

地并攀登奥林帕斯火山，可能会发现看不到山顶在哪里，因为整座山体都太过平缓了。

 知 识 链 接

　　珠穆朗玛峰是世界上海拔最高的山峰，海拔高度约为8848.86 米。它位于喜马拉雅山脉的中央，横跨中国与尼泊尔的边界。珠穆朗玛峰被称为"世界的屋脊"，它的形成源于印度板块与欧亚板块的碰撞。

奥林帕斯火山

　　我们再来仔细观察一下奥林帕斯火山。奥林帕斯火山的山顶是一个巨大的破火山口，多次喷发形成许多重叠的塌陷。在奥林帕斯火山周围还有许多固结的熔岩流，放大时可以看到一些弯弯曲曲的线条，那就是固结的熔岩流。奥林帕斯火山口的熔岩喷出时间大约距今 3.5 亿年到 1.5 亿年。目前，火山是否仍然活跃，我们不得而知，但有证据显示，奥林帕斯火山最近一次喷发约在 200 万年前。

　　火星在太阳系行星中的大小排在倒数第二，可为何这小小的火星上能形成如此巨大的火山？这个开放的问题，值得每一个对宇宙充满好奇的人去思考和探索。

⸬ 三、金星

　　在过去的一百多年里，人类探索太阳系行星的过程中，还有一颗曾经让我们充满幻想的行星，那就是金星。金星是地球的"姐妹星"，因其大小、质量、成分都和地球非常接近，只是距离太阳比地球略近一点。美国和苏联在 20 世纪 60 年代展开太空竞赛，对金星发起过一系列的探测任务，但是大部分都失败了，因为这颗星球和我们想象中的实在差异太大。在对金星的探索上，苏联要比美国走得远得多，苏联的金星探测器有 9 次成功传回了地面数据，而美国只有 1

金星（图片来源：美国国家航空航天局）

次。1975 年，苏联的金星 9 号首次从金星表面发回照片，金星 9 号在金星表面仅仅工作了 53 分钟。为了纪念这次任务，苏联邮局还专门发售了金星 9 号的邮票。

登陆金星非常困难，这是因为金星表面的环境实在是太恶劣了。一方面，金星的地表温度接近 500℃，这样的高温下，金属铅会融化，液态水无法存在。另一方面，金星的大气压又是地球的 90 多倍，大气层中有非常厚的硫酸云，可以想象这样的环境对任何搭载电子设备的探测器都会是致命的。因此，金星远非人类想象中的另一个家园，反而是炼狱。金星表面拥有的火山是整个太阳系所有行星中最多的，仅大型火山就超过 1600 座，其中包括 167 座直径超过 100 千米的超大火山，而小一点的火山则超过了 10 万座。这些火山

马亚特·蒙斯火山（AI 绘制）

中还未发现有当前正在喷发的，部分火山可能处于休眠期，绝大多数都是死火山。金星的众多火山中，最高的是马亚特·蒙斯火山，高度超过基准面 8 千米，可以与地球上的珠穆朗玛峰相比。但是由于它的直径也很大，约有 400 千米，所以它的坡度相当平缓。下图是模拟我们站在金星地表远观看到的马亚特·蒙斯火山，几乎看不出山的形状。

　　但是，如果我们处理一下该图，将图垂直拉伸 20 倍则变成了如右图所示的形态，山的形状就明显了，基本上可以看出来它是一座山了。

垂直拉伸 20 倍后的马亚特·蒙斯火山（AI 绘制）

　　前文提到的火星上的超级火山——奥林帕斯火山，也是因为直径巨大导致坡度非常平缓。这一类巨型火山通常被称为盾形火山，因为它像巨人用的盾牌一样放在地面上。

　　盾形火山地球上也有，如夏威夷的冒纳罗亚火山就是典型的盾形火山。从远处看冒纳罗亚火山，可以看到它平缓的山坡。

　　那么，什么样的岩浆有利于形成盾形火山呢？是黏度低的，还是黏度高的？答案是：要形成这种超大直径的盾形火山，需要岩浆能够远距离流动，要能散得开，而不是聚集在一起，因此需要黏度很低的岩浆。根据前面提到的岩浆成分

夏威夷的冒纳罗亚火山

和黏度的关系，玄武岩的岩浆黏度较低，可以得出：夏威夷火山的岩浆、金星火山的岩浆以及火星超级火山的岩浆，都是玄武岩质成分的。

　　金星表面一大半的面积都被岩浆流形成的平原覆盖。20世纪末，行星科学家就发现，金星的表面非常不"古老"，这里意思是指金星的表面很新，形成的时间不长。而我们至今还未曾有过任何金星表面的返回样品，在这种情况下，我们是如何知道金星的地表形成于什么时间的呢？

　　在回答上面这个问题之前，我们首先要了解一下陨石坑。

 知 识 链 接

　　陨石坑是由天体（如陨石、小行星或彗星）高速撞击行星或卫星表面时形成的圆形凹陷地形。陨石坑可以出现在行星、卫星甚至一些小行星的表面，是天文学和地质学研究的重要对象。陨石坑对于研究地球及其他行星和卫星的历史极为重要。它们提供了有关撞击事件的信息，这些事件在太阳系早期尤为频繁，对行星的表面形态产生了深远的影响。通过研究陨石坑的大小、密度、分布以及它们的相对年龄，科学家们可以推断出天体表面的历史演变和地质年龄。

　　例如，在月球上，由于缺乏像地球上的侵蚀作用，陨石坑保存得更加完好，这使得月球成为研究撞击过程的理想场所。嫦娥六号任务中采集的月球样品，特别是来自月球南极－艾特肯盆地的样品，将有助于科学家们更深入地了解月球表面的撞击历史以及月球的地质演变过程。通过对这些样品的研究，可以揭示更多关于月球形成早期环境的信息，并为理解太阳系其他天体提供线索。

下图是位于美国亚利桑那州的巴林杰陨石坑，直径超过1000 米。这个陨石坑的形成，源于约 5 万年前的一次撞击。地球及其所在太阳系的各个天体都在频繁地遭受陨石的撞击，只是越大的陨石撞击频率越低。比如，直径 4 米的陨石每年

巴林杰陨石坑（唐铭 摄）

都在撞击地球，直径 100 米的陨石大约间隔 5000 年会撞击一次地球，而直径 5 千米的陨石大约间隔 2000 万年才会撞击一次地球。而造成恐龙灭绝的那颗小行星，撞击地球发生在 6600 万年前，直径高达 10 千米。

撞击频率能够为我们提供一种独特的时间测量方式，因为频率的单位是次数除以时间，它天然地包含了时间的信息，总体上，陨石坑越密集，这片区域存在的时间就越久、越古老。基于此，行星科学家们提出了一个获得固体星球表面形成时间的非常简单的方法——数陨石坑。

　　仔细观察下图中月球表面的陨石坑的分布，我们会发现陨石坑的分布非常不均匀，有些地方的陨石坑密度较低，如蓝色渲染的区域，我们称之为月海。而在黄色渲染的区域，陨石坑则密密麻麻，我们称之为月球高地。月海区域和月球高地区域，谁更年轻呢？根据陨石坑的分布情况，我们可以推测月海应该更加年轻。这一推测与返回样品的年代学研究结论完美相符。陨石坑密布的月球高地是月球表面最古老的区域。

月球表面的陨石坑的分布图（图片来源：中国科学院国家天文台）

?? 想一想

相比月球，地球表面的陨石坑为什么分布较少？

金星表面的陨石坑非常少，这说明金星大部分表面区域非常年轻，大约形成于 5 亿年前。5 亿年与金星 46 亿年的演化时间相比，确实是非常年轻。此外，金星表面的陨石坑分布非常随机，这意味着没有明显的区域不均匀性，似乎到处都差不多。这表明金星的表面大部分区域都差不多是在同一个时期形成的，这个发现很不寻常。

那么，金星表面 5 亿年前的陨石坑都去哪里了呢？有没有可能金星的地表在 5 亿年前被一场灾难性事件完全摧毁，并形成了新的地表，完全抹去了 5 亿年前的历史？目前，行星科学家普遍认为确实是这样的。这场灾难性事件很可能是一场全球规模的火山爆发，成千上万的火山好像商量好了一样，在很短的时间内集中喷出了大量的岩浆，覆盖了整个金星表面。更不可思议的是，这样的灾难性事件在金星的历史上可能会周期性地发生，也就是每隔几亿年就会出现一次全球规模的火山爆发，这就是遍地火山、如同炼狱一般的金星。

▦ 四、木卫一

前面我们对内太阳系星球上的火山进行了探索，下面我们将去了解外太阳系的星球。

和内太阳系截然不同，外太阳系异常寒冷。外太阳系的行星（如木星、土星），都是巨大的气态行星。气态行星是没有明确的固体表面的，也就没有我们传统概念上的火山。但是，当我们把目光转向它们的卫星时，情况就大不一样了。

400多年前，伽利略用他的望远镜为人类打开了认识宇宙的新窗口，取得了一系列激动人心的发现，但这些发现却为他个人带来了深重的灾难。在当时，天主教认为伽利略可能是日心说的支持者，而日心说在当时被看作是异端邪说，伽利略因此被软禁起来，直到去世。伽利略通过他的望远镜观察到了木星的卫星，并且观察到了4颗，即木卫一、木卫二、木卫三和木卫四。因此，这4颗木星的卫星也被称为"伽利略卫星"。这4颗卫星是木星最大的卫星，后来随着观测技术的发展，人们发现木星有多达数十颗卫星。

知识链接

木星是太阳系中最大的行星，它是离太阳第五远的行星，是一颗气态巨行星，主要由氢和氦组成。

木星的直径约为 142984 千米，是地球直径的 11 倍，质量是地球的 318 倍。木星表面最显著的特征是有"大红斑"，这是一个巨大的反气旋风暴，存在已有数百年之久，比地球还大。木星拥有太阳系中最强的磁场，其磁场强度约为地球的 20000 倍。木星有 79 颗已知卫星，其中 4 颗最大的卫星——伽利略卫星（木卫一伊奥、木卫二欧罗巴、木卫三盖尼米得和木卫四卡利斯托）是最著名的。

木星因其巨大的引力场和多样化的卫星系统，是天文学家研究行星形成和演化的重要对象。其内部结构、磁场，以及卫星上的潜在的生命条件都是科学研究的焦点。

在众多的卫星中，木卫一显得尤为特别，它是木星的卫星中体积第三大的，其大小和月球非常接近。木卫一也是离木星最近的卫星，同时也是太阳系所有卫星中密度最高的卫星，密度达到了 3.5 g/cm³。根据它的密度，我们可以推测，木卫一是由硅酸盐岩石组成的。实际上，木卫一是外太阳系中唯一完全由岩石组成的天体，类似月球。木卫一的表面呈黄色，这是因为它布满

木卫一（图片来源：美国国家航空航天局）

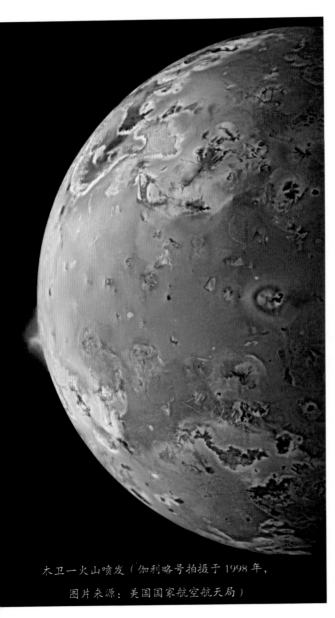

木卫一火山喷发（伽利略号拍摄于1998年，
图片来源：美国国家航空航天局）

了火山喷出的硫，是一个充满硫的世界。木卫一有超过400座正在活动的火山，是目前整个太阳系中火山活动最剧烈的天体。当我们看木卫一的照片时，可以非常清楚地看到数不清的火山，如发白的区域其实是火山喷出的二氧化硫凝结成的霜，再覆盖在木卫一的地表形成的。值得一提的是，木卫一西南部有一座火山——贝利火山非常显眼。

木卫一的火山如此活跃，从20世纪70年代开始，旅行者1号探测器飞掠木星时，就频繁拍摄到木卫一的火山喷发景象。木卫一火山的气体喷发柱可以高达 300 千米。上图中蓝白色的气焰就是木卫一的火山气体喷发柱。这些火山气体喷发柱在高空中会散开，形成伞状的云。

为什么木卫一是太阳系中火山活动最活跃的天体呢？相较于行星，木卫一的体积和质量都不大，比火星要小不少，如今火星上已经很难看到活跃的火山了。而与木卫一大小相近的月球更是早就"凉透"了，火山活动早已停止。木卫一的特殊性在于它与木星的距离。下图是卡西尼号探测器在2001 年飞掠木星时所拍摄的照片，其中前面的星球是木卫一，而背后巨大的星球就是木星。

木卫一是距离木星最近的卫星，在这样近的距离下，木星对木卫一施加着巨大的潮汐作用，不断拉扯着木卫一的内部，从而产生出巨大的能量。这些能量足以融化木卫一内部的岩石，产生大量的岩浆，进而发生火山喷发。

这就是神奇的木卫一，太阳系中火山活动最活跃的天体。

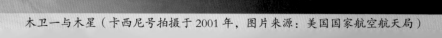

木卫一与木星（卡西尼号拍摄于 2001 年，图片来源：美国国家航空航天局）

⋮⋮⋮ 五、土卫二

我们要造访的最后一颗星球是一个冰雪世界，是土星的一颗卫星——土卫二。

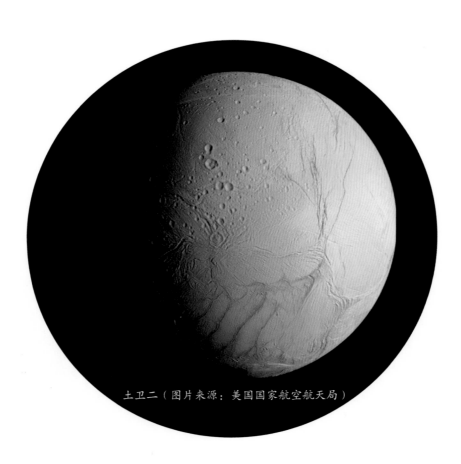

土卫二（图片来源：美国国家航空航天局）

知识链接

　　土星是太阳系中第二大的行星，以其宏伟的光环系统著称。土星是离太阳第六远的行星，和木星一样，也是气态巨行星，主要由氢和氦构成。

　　土星的直径约为 120536 千米，略小于木星，是地球直径的 9 倍，质量是地球的 95 倍。土星拥有太阳系中最为耀眼的光环系统，光环系统由冰和岩石碎片组成。这些光环宽广但极为纤薄，宽度达到数千千米，但厚度却只有几十米。土星的磁场虽然没有木星那么强大，但仍然比地球强很多。土星有 83 颗已知卫星。

　　土星以其壮观的光环和多样的卫星系统引起了大量天文学家的研究兴趣。卫星系统中尤其是泰坦和土卫二的冰层下可能存在的海洋，是人类寻找生命迹象的重要目标。

　　虽然外太阳系有非常多的冰雪世界，但土卫二与众不同。其实早在 18 世纪末，土卫二就已经被发现，但人类对它的了解几乎是空白的。直到 20 世纪末，旅行者 1 号探测器和旅行者 2 号探测器飞掠土星传回照片，人类才对土卫二有了初步的认识。真正深入了解这个冰雪世界是在 2005 年，卡西尼号探测器多次飞掠土卫二，传回了大量的科学数据。卡西尼号探测器为我们带回一个惊人的发现，即土卫二的南极有 100 多个巨大的喷流，大量的水汽从这里喷出，喷流物质一直延

土卫二南极的喷流（图片来源：美国国家航空航天局）

伸到 500 千米以上的高度，进入太空。这些喷流并非传统意义上的火山喷发过程，而是与地球上黄石国家公园的间歇泉类似。黄石国家公园的间歇泉是地下水被内部火热的岩石加热后，形成的一种热液景观。土卫二南极的这些喷流很可能也是由热液活动导致的。土卫二的南极冰层厚度约有 30~40 千米，在这厚厚的冰层下面，科学家推测，可能存在一个 10 千米深的液态水海洋。海水与更深部的高温岩石接触，沸腾后上升，并穿过南极冰层中的裂隙，形成喷流。土卫二南极喷流形成机制如下图所示。那么，是谁在加热土卫二内部的岩石呢？其实和木卫一一样，土卫二也是潮汐作用导致其内部产生巨大的能量。

土卫二南极喷流形成机制的示意图（图片来源：美国国家航空航天局）

　　液态水海洋的存在，让人们对这颗星球充满了想象。冰层下隐藏的海洋里有没有什么有意思的化学物质呢？带着这个问题，卡西尼号探测器一次又一次勇敢地飞入这些喷流中，最近时离土卫二的表面只有 49 千米。在这一次一次的飞掠后，卡西尼号探测器获得了土卫二地下海洋的成分数据。土卫二地下海洋包括水、甲烷、一氧化碳、二氧化碳，还有各种各样的有机物和非常关键的化学能源——氢气，所有这些物质已经足够维系一个简单的生命系统。用美国国家航空航天局（NASA）科学家的话来说，这里具备生命所需的全部条件。

　　实际上，土卫二的热液系统和地球深海的火山－热液系统非常相似，而后者被许多学者认为是孕育地球生命的摇篮。

土卫二的喷流成为整个卡西尼号探测器探测任务中最重要的发现之一，震惊了世界。这一项发现也直接决定了卡西尼号探测器最后结束任务的方式。卡西尼号探测器历经 20 多年的飞行和探测，为人类认识土星和它的众多卫星提供了大量资料。2017 年，卡西尼号探测器的能量即将耗尽，将不再受人类控制，成为游离在太空的孤魂。虽然这样的概率极其渺小，但是没有人能够保证失控之后的卡西尼号探测器不会撞向承载着生命希望的土卫二。为了完全避免这种可能性，NASA决定让卡西尼号探测器撞向土星，提前结束它的探测使命，以这种自我毁灭的方式来保护土卫二。

 知 识 链 接

　　火山 – 热液系统主要是由火山活动与地下水相互作用形成，在全球分布广泛。火山 – 热液系统孕育了独特的生物群落。如位于西太平洋马努斯弧后盆地 DESMOS 火山口发育火山 – 热液系统，火山口喷出的气体中含有大量的氢气和硫化氢，火山口附近的微生物可以利用氢气和硫化氢获取能量。

　　这就是土卫二，一颗直径只有地球 4% 的小冰球，却承载着成为太阳系第二个生命家园的希望。

::: **小结**

　　这一讲我们探索了太阳系行星及卫星上的火山。我们去探索了离我们最近的月球，"巨人的故乡"火星，遍地死火山的金星，当前最活跃的木卫一以及承载着地外生命希望的土卫二。这些形形色色的天体给我们带来了无数的惊喜，我们在土卫二上了解了火山－热液系统与生命之间有着紧密的联系。那么，火山对生命到底意味着什么呢？火山为我们的现代文明又带来了什么呢？下一讲我们一起来探索这些问题。

第三讲

毁灭与重生

火山于我们，或者更广义地说，于生命到底意味着什么？它们是地球内部活力的表征，展示着大自然最为原始和强大的力量。然而，火山的影响远不止于此，它们是生命的塑造者、毁灭者，也是地球表面环境的塑造者。通过火山喷发，地球的大气和水圈得以形成和更新，营养物质得以循环，新的陆地和生态环境得以创造。火山活动甚至还影响着气候变化、海洋化学以及生物进化的历程。

在这一讲中，我们将从更深的层面来探讨火山的多重意义，思考生命、文明与地球之间深刻而复杂的联系。

⠿ 一、自然的怒火

很多时候提到火山爆发，我们脑海中浮现的都是世界末日一般的画面。火山确实给我们造成过许多灾难。下图是2022年1月15日汤加的一座火山喷发产生的巨大烟柱，从太空中都能感受到它巨大的威力。

太空中看到的汤加的火山爆发（图片来源：美国国家海洋与大气管理局 GOES West 卫星）

这座喷发的火山叫作 Hunga Tonga，在汤加语里，Hunga 一词即"火山喷发"的意思，也就是说这座喷发的火山本身名字就是火山喷发。Hunga Tonga 是一座水下的火山，我们通常从卫星图上看到的只是它露出海平面的一个尖尖的小岛，这次喷发后这个小岛也几乎消失了。

汤加火山的这次剧烈喷发在附近区域引发了地震和海啸等多种灾害，受灾人群超过 10 万人。火山爆发时产生的火山灰是另一个直接灾害源：首先，高温的火山灰可以瞬间导致人畜死亡，其高温特性极具危险性。其次，火山灰还具有腐蚀性和导电性，当大量火山灰直接覆盖在受灾区域时，它会破坏建筑，导致电线设备出现短路问题。最后，火山灰还含有有毒物质，这些物质会大面积地污染水源，给受灾区域的用水安全带来严重威胁。此外，弥漫在大气中的火山灰还会对航空交通造成严重影响，影响飞机的正常运行和航班安全。在对比汤加居民区火山喷发前后不同卫星图时，我们可以直观地感受到这次火山喷发对汤加的巨大影响。

 延伸阅读

当自然灾害发生之后，常常会引发一连串的次生灾害，这种现象称为灾害链。以汤加火山为例，它不仅是一次火山喷发，还

会引发地震、海啸，甚至导致崩塌、洪涝等灾害链的破坏性侵袭。

？想一想

想要获得地面某处的卫星地图信息，可以采用哪种地理信息技术？

幸好汤加这次火山喷发的强度有限，火山灰没有造成大规模的冲击和掩埋。但是公元 79 年的庞贝就远没有这么幸运了。

庞贝是位于今天意大利的一座古城，旁边就是脾气暴躁的维苏威火山。公元 79 年 8 月 24 日，维苏威火山大爆发，火山灰直接将整个庞贝古城掩埋在 4 到 6 米的地下，造成至少 1000 人死亡。这些被掩埋的人们由于火山灰的快速覆盖，他们的遗骸甚至保存得如木乃伊，至今还保持着死亡时候的状态。

维苏威火山自那次大喷发以后又喷发了很多次，至今仍然活跃，是世界上最危险的火山之一。但是，让人担忧的是人们似乎忘记了维苏威火山的残暴。今天维苏威火山附近居

维苏威火山

住着上百万人，其中有几十万人生活在危险区，维苏威火山的下一次爆发可能会上演更大的悲剧。

大型火山爆发还会带来另一个严重问题：二氧化硫的释放。火山喷发会向大气中释放大量的二氧化硫，二氧化硫进一步转化成硫酸气溶胶，这些气溶胶能反射太阳光，遮挡太阳，导致太阳辐射到达地表的量减少，进而造成气温下降。猛烈的火山爆发会形成几十千米高的气柱，把大量的二氧化硫直接送入平流层，在全球上空散布，影响全球气候。例如，我们从夏威夷冒纳罗亚气象站的监测数据就可以看出，太阳辐射到达地表的传输率在近几十年来出现过几次明显的下降，而每一次这样的下降都对应着一次较大的火山喷发事件。

夏威夷冒纳罗亚气象站

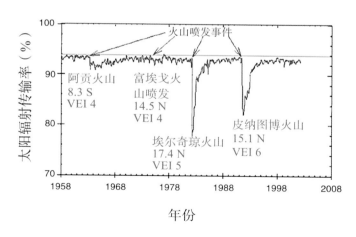

夏威夷冒纳罗亚气象站监测数据（图片来源：美国国家海洋和大气管理局）

知识链接

　　硫酸气溶胶是由硫酸微小液滴或固体颗粒组成的悬浮于大气中的气溶胶。它们通常是由二氧化硫（SO_2）气体在大气中氧化形成硫酸（H_2SO_4）后，与水蒸气凝结或吸附在其他颗粒表面而产生。

　　1815 年，印度尼西亚的坦博拉火山喷发，不仅使当地数万人遇难，还造成了整个北半球气候严重反常。次年，1816 年的夏季出现大面积的低温异常，严重影响了欧洲和美洲的农业生产，甚至中国的云南地区也出现了饥荒。1816 年因此被称为"无夏之年"。

 知识链接

　　无夏之年（1816 年）的主要原因是 1815 年坦博拉火山的大规模喷发。这次喷发是有记录以来最强烈的火山爆发之一，形成了巨大的全球气候影响。

　　1815 年 4 月，位于印度尼西亚的坦博拉火山发生了剧烈喷发。这次喷发释放的大量火山灰、气体和火山尘埃进入大气层，尤其是喷发出的二氧化硫，在平流层中与水蒸气结合，形成了硫酸气溶胶。这些气溶胶微粒悬浮在高层大气中，能够反射和散射太阳辐射，减少到达地表的太阳能量，导致全球气温下降。

这种冷却效应在 1816 年表现得尤为显著，特别是在北半球的夏季，出现了霜冻、降雪和异常寒冷的天气，这也是"无夏之年"的核心现象。

异常寒冷和不稳定的天气严重影响了全球多个地区的农业生产，导致粮食歉收和饥荒。粮食短缺和物价飞涨引发了社会不安、饥荒和疾病传播，尤其在欧洲和北美洲影响深远。

在地球历史上，比 1815 年坦博拉火山喷发更剧烈的火山喷发事件比比皆是，如我们在第一讲中给大家介绍的黄石国家公园的超级火山。可以想象这些超级火山一旦喷发，带来的影响可能就不只是一个"无夏之年"，整个地球可能会陷入数年的"火山冬天"，这对我们来说将是毁灭性的打击。从几年或者几十年的时间尺度来看，火山爆发确实都是产生了一些灾难性的后果。难道这就是故事的全部了吗？

⠿ 二、气候系统的守护者

在地质学家眼中，几十年、几百年，甚至几千年都太短了，我们这个星球经历了 45 亿年的演化，才走到今天。如果我们把眼光放远，从一个更长的地质时间尺度来看待火山，就可能会得出完全不一样的结论。火山喷出的各种气体物质中，有一种非常常见，且对我们星球维持宜居性至关重要，它就是二氧化碳。二氧化碳是地球上主要的温室气体，能够起到保温的作用。我们现在正因为排放过多的二氧化碳而焦灼不安，因为过多的二氧化碳会导致气候变暖，产生一系列的连锁反应，严重影响未来人类的生存。但如果地球大气中没有二氧化碳，结果同样会是灾难性的。如果我们移除大气中以二氧化碳为首的所有温室气体，我们目前的地球地表的平均气温将会降至 $-18℃$，就是我们家用冰箱冷冻层的温度。在这种情况下，全球大部分区域都会被冰封，液态水的海洋将不复存在。正是在温室气体的帮助下，我们才有了今天全球平均气温为 15℃ 的宜人环境。

想一想

二氧化碳为什么是温室气体？对全球的温度有何影响？

大气中的二氧化碳是从哪里来的呢？除去人类活动的影响，火山作用就是大气中二氧化碳的主要来源。每年火山作用以及相关的地质活动向大气中排放 0.3~0.4 Gt（千兆吨）的二氧化碳，而地表大气海洋系统中总的碳量大约是 1500 Gt，这个数字虽然会有上下的波动，但在百万年的时间尺度上，总体是保持稳定的。虽然火山作用每年向大气中排放二氧化碳的量比地表大气海洋系统的总碳量小了好几个数量级，但是考虑到地球漫长的演化历史，时间是一个不可忽视的因素。可以计算一下，在不到 1 万年的时间中，火山作用排放的二氧化碳量就能使地表大气海洋系统中的总碳量翻倍。但是我们有大量的证据显示，至少在过去的 100 万年内，这个值总体保持了稳定。

这又是为什么呢？

下图中这些堆叠在一起的石柱是典型的玄武岩柱状节理，是玄武岩岩浆在快速冷却过程中形成的。我国南京市六合区国家地质公园里的桂子山石柱林就有密密麻麻的柱状石林，

玄武岩石柱

非常壮观。仔细观察，这些玄武岩石柱的颜色是不是明显发黄，看起来像土一样？它们与我们常见的新鲜的黑色玄武岩截然不同。这是因为野外的这些发黄、像土一样颜色的玄武岩石柱发生了风化。风化作用很复杂，里面涉及很多化学反应，但是其中非常重要的一套化学反应，会导致岩石中的硅与大气中的碳发生交换，使得硅酸盐变成碳酸盐。这个反应结果对很多同学来说可能有些不可思议，这个过程进行得非常缓慢，但是在上千年、上万年的时间里，这个交换反应对我们的地球有着不可估量的深远影响。

想一想

向硅酸钠溶液中通入二氧化碳，会发生什么反应？

知识链接

风化作用：在温度、水、空气、生物等的影响下，地表或接近地表的岩石发生破碎或分解，形成许多松散物质，这一过程称为风化。风化作用一般分三类：**物理风化作用**、**化学风化作用**和**生物风化作用**。发黄、像土一样颜色的玄武岩很有可能发生了物理风化和化学风化。

现在，我们可以理解地表大气海洋系统中的总碳量为何能保持相对稳定了。一方面，火山活动每年持续为地表带来 0.3~0.4 Gt 的

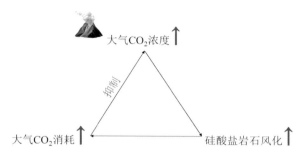

硅酸盐风化对大气 CO_2 的控制作用

二氧化碳；但另一方面，每年以硅酸盐风化作用为主的地质作用过程会从地表大气海洋系统中移除 0.3~0.4 Gt 的二氧化碳，这样有进有出，总碳量就能维持相对稳定，这就组成了一个高度简化的地质时间尺度上的碳循环。可是问题又来了，这一进和一出的数字怎么会这么巧妙地刚好保持了平衡？火山喷发和地壳中缓慢进行的风化作用，虽然看似毫无关联，但就好像是商量好了一样，你多一点我就多一点，你少一点我就也少一点。

要更好地理解这个问题，我们首先需要了解反应物浓度、反应温度对反应速率的影响。一般来说，增加反应物浓度，会驱动反应向右进行，而升高温度往往可以提高反应速率，这对缓慢的反应有非常明显的促进作用。现在进一步分析其中的过程，火山喷发持续增加大气中的二氧化碳浓度，大气中的二氧化碳浓度增加了，反应物浓度增加，同时温室效应导致大气温

度增加，这二者都会加速硅酸盐岩石的风化作用。硅酸盐岩石风化作用加快了，则会加快消耗大气中的二氧化碳，从而抑制大气中二氧化碳浓度的进一步上升。这样一个环路就运转起来了，直到大气中的二氧化碳浓度不再继续上升。

 延伸阅读

外界条件对化学反应速率的影响：一般来说，增大反应物浓度或升高温度，会使化学反应速率加快。

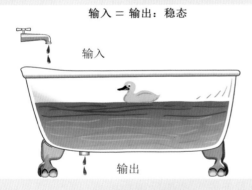

负反馈机制示意图

我们可以把地表大气海洋系统中的二氧化碳储库想象成一个漏水的浴缸，上面在放水，下面同时还在漏水，有进有出，这就构成了一个简单的动态系统。如果进水量大于漏水量，那么浴缸中的水位就会上升。水位上升，出水口的压力就会上升，漏水的速度就会增加，只要这个水位还在不停上升，漏水速度就会一直增加，直到增加到和进水量一致，刚刚好。

这时候，浴缸中的水位就不再增加，此时系统达到的状态被称为稳态。这样一种系统，我们称为负反馈系统。漏水口的这种被动调节机制是这里的负反馈机制，负反馈机制能够帮助系统保持稳定，让系统趋于稳态。这个浴缸系统可能看起来非常简单，但是它能帮助我们理解关于反馈机制的一些深刻的原理。

我们再来从半定量的角度探讨，带负反馈机制的系统是如何维持稳定的？

第一种情况，我们让输入不稳定，在输入增加这种情况下，不考虑时间因素，即时间可以无限长。右图中的小黑点是系统的初始平衡状态，它处于一个稳态，就是输出与输入保

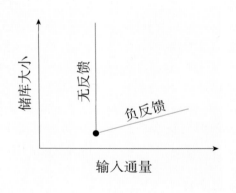

防止输入变化造成的失控

持平衡。如果没有负反馈机制，只要稍微拧大一点点进水量，给足时间，浴缸的水位总有一天会越过它的最高水位漫出来，系统便会失控。如果是一个带有负反馈机制的浴缸，它的输出会被动地去匹配输入。即如果拧大了进水的水龙头，那么出水的漏水口会感知到水位的上升，会被动去增加漏水量，

直到漏水的量等于出水的量。因此，当输入增加时，储库的大小会增加，浴缸中的水位会上升，但是在一定范围内并不会失控。

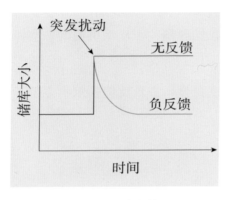

消除突发扰动的影响

第二种情况，我们来看负反馈机制如何应对突发事件。在左图中，时间作为横轴，而不再是一个可以无限变化的量，纵轴依然是储库大小，仍旧从初始平衡状态出发，也就是时间开始后的横线。到某一个时刻突发事件来了，如向浴缸里突然倒了一大桶水，浴缸的水位瞬间上升了。如果系统没有负反馈机制，浴缸中的水位将会保持在这个高位，不会再变，影响无法消除。但是如果是有负反馈机制的系统，浴缸中的水位上升了，漏水口感受到这个突发事件带来的水位上升，就会增加漏水速率，直到水位恢复到倒这一桶水之前初始平衡状态的水量，即它会彻底消除突发事件带来的扰动。这就是负反馈机制的好处。

再回到我们高度简化的碳循环系统中，二氧化碳的输入与输出正好相等，这并不是巧合，而是负反馈机制带来的必然。

实际上，自然界充满了各种各样的突发事件。如白垩纪末可能导致恐龙灭绝的小行星撞击事件，释放了400~1400 Gt的二氧化碳，导致了气候巨变。如果不是硅酸盐岩石风化自带的负反馈机制，这样的灾难性气候带来的影响将无法抹去，会一直持续下去。因此，我们要感谢硅酸盐岩石的风化，它对长时间尺度上稳定地球气候系统功不可没，这也是我们常说的"地质空调"。

那么，这些最容易风化的硅酸盐岩石来自哪里呢？其实它们大多就来自岩浆作用，包括火山岩和其他岩浆形成的岩石。一方面，火山在喷发时会释放二氧化碳，加剧温室效应。另一方面，岩浆冷却后形成的岩石又在之后漫长的岁月里，通过风化作用来维持地表大气海洋系统中二氧化碳的相对平衡。因此，从这个角度看，火山喷发对创造并维系地球的宜居性起到了非常关键的作用。

火山喷发与风化作用构成的动态系统，只是我们生存的星球环境中的一环。自然环境中充满了各种各样的扰动，但是我们的星球环境又能在数万年甚至是数百万年的时间里保持相对稳定，不至于失控，正是由千千万万个反馈系统共同作用的结果。这些错综复杂的反馈系统让我们的星球在经历了每一次毁灭性打击之后，都能迎来重生。

延伸阅读

　　自然环境要素通过**物质迁移**和**能量交换**，使自然环境具有能够自我调节、保持相对稳定的功能。如在自然状态下植被生长良好的坡面，经过多年的土壤侵蚀与土壤形成过程，土壤厚度一般没有明显变化。这是因为土壤与水、土壤与岩石间进行了物质交换，土壤厚度及自然环境就保持了相对的稳定性。

⠿ 三、生命的摇篮

火山不仅在漫长的地球演化中守护着气候系统，而且在地球形成的早期，火山创造的特殊环境很可能就是地球生命的摇篮。关于地球生命的起源有很多种假说，如 20 世纪 50 年代，美国芝加哥大学的研究生斯坦利·米勒（Stanley Miller）就与他的导师哈罗德·尤里（Harold Urey）一起用水、甲烷、氨气、氢气这些简单的化学物质，用电极放电，最终产生了一系列复杂的有机物，这就是著名的米勒 – 尤里实验。这项实验揭示了在地球早期温暖的"池塘"中，在闪电的帮助下产生了生命物质，甚至有可能直接形成原始的生命。米勒 – 尤里实验引爆了关于生命无机起源的研究，但故事远没有结束。

 知 识 链 接

米勒 – 尤里实验是一项具有里程碑意义的科学实验，这项实验是为了探索地球早期大气条件是否能够自发地产生有机分子——这是生命起源研究中的一个重要问题。该实验展示了科学家如何使用可控实验来推测古代环境条件下的化学反应。

在实验中，米勒使用了一个封闭的玻璃装置，模拟了科学家们当时认为的早期地球条件。实验装置内充满了水蒸汽以及一种被认为存在于早期地球大气中的气体混合物，气体混合物包括甲烷、氨气和氢气。值得注意的是，这个模型并没有包含氧气，因为当时的科学观点认为原始大气是无氧的。

　　1977 年 2 月的一天，美国伍兹霍尔海洋研究所海洋地质学家罗伯特·巴拉德（Robert Ballard）在看水下相机于南大西洋洋中脊拍回来的照片时，他觉得似乎有水在不停地从海底冒出来，这非常不可思议。这是人类首次发现海底热液系统。更不可思议的是：在环境如此残酷的深渊环境里，围绕着热液系统竟然还存在着一个复杂的生态系统，这个生态系统与世隔绝，却欣欣向荣，存在许多生命。在这样的深渊环境中，阳光无法抵达，生物无法进行光合作用生产食物，那么是什么支撑着生态系统的存在呢？

海底热液系统（图片来源：美国国家海洋和大气管理局）

知识链接

　　洋中脊是地球上最大的地质构造之一，它是位于大洋底部的巨大山脊系统，总长度超过 65000 千米。洋中脊是地壳最活跃的区域之一。洋中脊形成于构造板块的扩张边界，即板块彼此远离的地方。在这些区域，地幔物质上升并产生岩浆，岩浆来到地表后，形成新的海洋地壳。这一过程被称为海底扩张。

　　这样的热液系统一般形成于大洋中脊，这里有大量的火山岩浆活动，海水可以顺着这些裂隙流进洋壳的深处，与滚烫的岩石接触，发生一系列复杂的化学反应，岩石中的各种元素在这一系列反应过程中可以溶解到海水里。海水在这个过程中会被加热到 400℃ 左右，又会沿着裂隙流回洋壳表面，同时携带大量矿物质和能量喷出来，就形成了大家看到的"黑烟囱"。"黑烟囱"带上来的这些丰富的物质和能量滋养了无数微生物，并在周围形成了一个繁荣的生态系统。这个生态系统不同于我们所熟知的陆地和浅海的任何生态系统，因为这里的生物一辈子都生活在黑暗之中，完全不需要依靠光合作用来获得食物和能量。

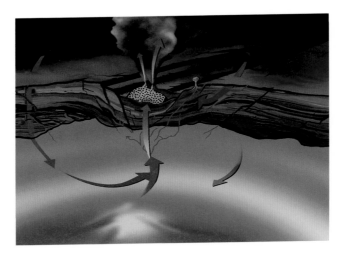

热液系统示意图（图片来源：美国伍兹霍尔海洋研究所、
美国国家海洋和大气管理局）

　　这些发现为我们寻找生命的起源打开了全新的思路。因
为类似的热液系统在地球早期可能非常丰富，如果这样黑暗
的深渊环境里孕育出了地球最早的简单生命，那么我们有什
么理由怀疑其他具有热液系统的星球不能孕育生命呢？因此，
热液系统成为我们寻找地外生命重点关注的环境。在第二讲
中，我们在土卫二的冰层下存在的液态水海洋中也看到了地
外生命的希望。在那遥远寒冷的外太阳系，维持这样一个温
暖的液态水海洋，并提供能量以及生命所需要的各种化学物
质的正是土卫二海底的热液系统。

　　火山，或者更广义地说，岩浆作用对文明的发展至关重

要，它关系到我们每个人的日常生活。我们日常用到的各种工具，从电池到厨具，从手机到电脑，从汽车到飞机，等等，其中用到的大部分金属都和火山息息相关，就连象征着永恒的钻石，也都是火山为我们从地球深处带上来的。

举几个例子，如攀枝花位于我国四川省的西南部，地下蕴藏着丰富的钒钛磁铁矿，以及丰富的铬、镓、钪、镍、铂等金属资源，简直是一个大型的金属超市。攀枝花已经探明的储量里，钒钛磁铁矿有 67.47 亿吨（合计探明 86.7 亿吨），是全国四大铁矿区之一；伴生的钛矿超过了 5 亿吨，位居世界第一；钒矿超过了 1000 万吨，位居世界第三。

铁不必多说，现代化建设的方方面面都离不开铁。生活中随便拿起一件工具，里边就会有铁制的零件。钛具有密度低、强度高的特性，同时耐腐蚀，在航天航空、医疗、化工等领域被大量使用。有一些比较高级的眼镜镜框也是钛做的。钒是一个重要的合金元素，大量应用在钢铁行业，还有各种各样的机械制造，如汽车就会用到钒。

攀枝花是超级金属的"聚宝盆"，这和火山又有什么关系呢？在攀枝花附近有一个非常著名的景点——峨眉山，风景优美，也是一个佛教圣地。中国地质学家赵亚曾曾在峨眉山地区发现了玄武岩，并命名为峨眉山玄武岩。不过后来的地质调查发现，峨眉山玄武岩并不仅分布在峨眉山，也遍布我国西南地区。

峨眉山

 延伸阅读

科学家故事

赵亚曾出生于 20 世纪初期，正值中国社会和科学发展的关键时期。他在青年时期表现出了对自然科学的浓厚兴趣，尤其是在地质学方面。赵亚曾在国内外接受了系统的地质学教育，并积极参与地质调查和研究工作。赵亚曾的研究领域主要集中在岩石学、构造地质学和矿床地质学等方面。

赵亚曾不仅是一位杰出的地质学家，还是一位卓越的教育家，他在大学和研究机构中培养了大量的地质学人才，许多他的学生后来成为中国地质学界的重要人物。赵亚曾致力于提高中国地质学的研究水平和国际影响力，他的教育理念和科学精神至今仍影响着中国地质学的发展。

在约 2.6 亿年前，中国西南地区经历了一次大规模火山喷发，一股一股来自地幔的玄武岩岩浆穿透了地壳，喷出地表。这次火山喷发的喷发量非常巨大，喷发的岩浆覆盖面积超过了 50 万平方千米，面积之大相当于一个法国。周围被玄武岩覆盖的区域，在地质上被称为峨眉山大火成岩省。这一次超级火山喷发不仅形成了峨眉山，携带着大量铁、钒、钛、铬等金属的岩浆最终在地壳中冷却结晶，还形成了攀枝花这样的超级金属矿床。

峨眉山玄武岩

现在，我们再把目光转向地球的另一边——南美洲。南美洲的安第斯山脉西边靠着太平洋，上面密布着火山，其中众多在海拔5000米以上，全世界海拔最高的前20座火山都坐落于此。这里是地球上"火山巨人的故乡"。由于陡峭地形带来的快速剥蚀效应，安第斯山脉的地表更新非常快。一些火山停止喷发后，便会渐渐垮塌、消失，渐渐剥露出地下的物质。我们今天能看到一些消失的火山遗迹，其下面蕴藏着巨大的宝藏——铜矿。

中部安第斯山脉的火山地形（图片来源：美国国家航空航天局）

在卫星图上放大看，你能够在安第斯山脉的群山之间发现许多被挖掘的铜矿矿坑，这里的铜矿往往和一种叫作斑岩的次火山岩伴生，因此叫斑岩铜矿。如今，斑岩铜矿正在为全世界提供超过 75% 的铜矿资源。斑岩铜矿是怎样形成的呢？它和火山活动有何关联？

其实，在这些斑岩铜矿下方都曾存在过一个火山岩浆房，在岩浆房的顶部有一个个小的岩株，岩浆中的铜含量一般较低，随着岩浆房的冷却，原先溶解在岩浆中的流体开始出溶，形成热液，而热液中铜的溶解度要高很多，因此，这些热液可以从岩浆中萃取铜，随后又顺着岩株向更浅的地壳运移，最终遇到温度比较低的地壳岩石后，热液冷却下来，原先溶解在热液中的高浓度铜就会沉淀出来。这个过程不断重复，下面的岩浆房不停地结晶，不停地冷却，不停地形成热液流出，就会不停地把铜带到这些岩株的顶部并沉淀，这个过程导致岩株顶部局部区域的铜被浓缩上百倍，最终形成铜矿。当火山活动彻底停止后，上面的火山逐渐被剥蚀掉，下面的铜矿就会逐渐露出地表。

所以说，安第斯山脉特别是中安第斯山脉区域，这里的每一座消失的火山下都可能隐藏着铜矿，这些来自安第斯山脉的铜矿正在推动着全球的现代化建设。

知 识 链 接

　　斑岩通常是指一种具有特殊结构的火成岩，该岩石的特点是在较细粒的基质中散布着较大的矿物晶体，这些大晶体被称为斑晶。斑晶可以是长石、石英、辉石或其他矿物，而基质可以是任何类型的火成岩，包括花岗岩、闪长岩、玄武岩等。

斑岩

　　火山喷发还有很多方面的好处。火山可以创造新的陆地，例如，整个夏威夷群岛就是火山作用形成的，如今，夏威夷已经是全球著名的旅游度假胜地。火山作用还能肥沃土地，这也是火山附近有许多人居住、生活的一个重要原因，火山带来的肥沃土地可以促进农业的发展，包括不少经济作物的生长，例如，印尼最好的咖啡就是产在火山半山坡。

⠿ 小结

　　从诞生生命到守护生命的演化，再到今天为智慧生命提供文明发展的原材料，火山对我们的影响不言而喻。我们不能谈火山色变，不能只是想到火山喷发时的灾难场景。火山对于地球的生命而言更像是一个偶尔爱发脾气的父亲，但终归他是一个慈爱的父亲，陪伴着我们，守护着我们。而我们需要做的是去更多地了解火山，研究火山的运作机制，研究地球的演化规律，规避灾害，用好自然留给我们的财富。也只有这样，我们才能更好地生活，我们的文明才能走得更远。

 课后思考

【思考1】火山学的研究方法：地球化学之对火山喷发定性的分析。

分析岩浆的化学组成是我们认识岩浆性质乃至地球内部的重要途径。1969年7月29日，美国地球化学家 Ross Taylor 公布了全球第一块月球岩石样品的化学分析数据，这是阿波罗11号返回的样品（编号：10015，见下图）。分析照片中月球岩石样品的成分数据，形成这块样品的月球火山岩浆的成分是玄武岩质的还是流纹岩质的？为什么？它的喷发类型可能是怎样的？

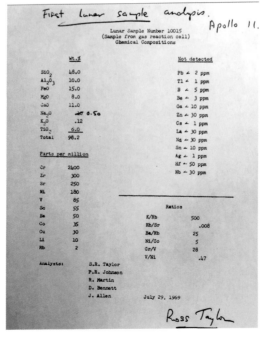

阿波罗11号返回的样品（编号：10015）（图片来源：美国国家航空航天局）

【思考2】火山学的研究方法：地球化学之年龄的计算。

嫦娥五号返回样品为我们揭示了年轻的月球火山活动。2021年，中国科学家用离子探针分析了大量嫦娥五号样品的Pb同位素比值，获得样品冷却结晶后，由U的两个同位素放射形成的Pb同位素比值 $^{207}Pb/^{206}Pb$ 为0.1251，已知 $^{238}U/^{235}U$ 比值为137.8，现将这些重要数据交给你，请你结合课上学习的计算方法，帮助科学家计算出嫦娥五号月球玄武岩大约形成（结晶）于多少亿年前。

【思考3】火山对人类的影响。

以你生活中用到的一个物品为例，说说它和火山活动有什么关系。

【思考4】尝试从《火山的奥秘》中学到的知识出发，分享你感兴趣的火山。

北大附中简介

北京大学附属中学（简称北大附中）创办于1960年，作为北京市示范高中，是北京大学四级火箭（小学－中学－大学－研究生院）培养体系的重要组成部分，同时也是北京大学基础教育研究实践和后备人才培养基地。建校之初，学校从北京大学各院系抽调青年教师组成附中教师队伍，一直以来秉承了北京大学爱国、进步、民主、科学的优良传统，大力培育勤奋、严谨、求实、创新的优良学风。

60多年的办学历史和经验凝炼了北大附中的培养目标：致力于培养具有家国情怀、国际视野和面向未来的新时代领军人才。他们健康自信、尊重自然，善于学习、勇于创新，既能在生活中关爱他人，又能热忱服务社会和国家发展。

北大附中在初中教育阶段坚持"五育并举、全面发展"的目标，在做好学段进阶的同时，以开拓创新的智慧和勇气打造出"重视基础，多元发展，全面提高素质"的办学特色。初中部致力于探索减负增效的教育教学模式，着眼于学校的高质量发展，在"双减"背景下深耕精品课堂，开设丰富多元的选修课、俱乐部及社团课程，创设学科实践、跨学科实践、综合实践活动等兼顾知识、能力、素养的学生实践学习课程体系，力争把学生培养成乐学、会学、善学的全面发展型人才。

北大附中在高中教育阶段创建学院制、书院制、选课制、走班制、导师制、学长制等多项教育教学组织和管理制度，开设丰富的综合实践和劳动教育课程，在推进艺术、技术、体育教育专业化的同时，不断探索跨学科科学教育的融合与创新。学校以"苦炼内功、提升品质、上好学年每一课"为主旨，坚持以学生为中心的自主学习模式，采取线上线下相结合的学习方式，不断开创国际化视野的国内高中教育新格局。

2023 年 4 月，在北京市科协和北京大学的大力支持下，北大附中科学技术协会成立，由三方共建的"科学教育研究基地"于同年落成。学校确立了"科学育人、全员参与、学科融合、协同发展"的科学教育指导思想，由学校科学教育中心统筹全校及集团各分校科学教育资源，构建初高贯通、大中协同的科学教育体系，建设"融、汇、贯、通"的科学教育课程群，着力打造一支多学科融合的专业化科学教师队伍，立足中学生的创新素养培育，创设有趣、有价值、全员参与的科学课程和科技活动。